农业农村部农民教育培训规划教材
中国工程院科技扶贫职业教育系列丛书

冬季马铃薯
露地高产栽培技术

郭华春 于德才 张红骥 主编

中国农业出版社
北京

图书在版编目（CIP）数据

冬季马铃薯露地高产栽培技术/郭华春，于德才，张红骥主编．—北京：中国农业出版社，2021.4
（中国工程院科技扶贫职业教育系列丛书）
农业农村部农民教育培训规划教材
ISBN 978-7-109-27222-4

Ⅰ.①冬⋯ Ⅱ.①郭⋯ ②于⋯ ③张⋯ Ⅲ.①马铃薯－栽培技术－技术培训－教材 Ⅳ.①S532

中国版本图书馆 CIP 数据核字（2020）第 157036 号

冬季马铃薯露地高产栽培技术
DONGJI MALINGSHU LUDI GAOCHAN ZAIPEI JISHU

中国农业出版社出版
地址：北京市朝阳区麦子店街 18 号楼
邮编：100125
责任编辑：高 原 高宝祯
版式设计：杜 然 责任校对：吴丽婷
印刷：中农印务有限公司
版次：2021 年 4 月第 1 版
印次：2021 年 4 月北京第 1 次印刷
发行：新华书店北京发行所
开本：850mm×1168mm 1/32
印张：2.75
字数：60 千字
定价：15.00 元

版权所有·侵权必究
凡购买本社图书，如有印装质量问题，我社负责调换。
服务电话：010-59194971 010-59194979

中国工程院科技扶贫职业教育系列丛书

编 委 会

主　　任　朱有勇

常务副主任　朱书生　何霞红

副 主 任　蔡 红　胡先奇　金秀梅

委　　员（按音序排列）

陈 斌　邓明华　李文贵　孟珍贵　任 健

舒相华　宋春莲　吴兴恩　杨学虎　杨正安

于德才　岳艳玲　赵 凯　赵桂英

顾　　问　周 济　李晓红　陈左宁　钟志华　邓秀新

王 辰　徐德龙　刘 旭　陈建峰　陈宗懋

李 玉　罗锡文　陈学庚　陈焕春　李天来

陈温福　张守攻　宋宝安　邹学校

编写人员名单

主　　编　郭华春　于德才　张红骥

副 主 编　王　琼　何霞红　蔡　红

编写人员（按姓氏笔画排序）

于德才　王　琼　王海宁　毛如志

艾圣翔　朱有勇　汤东生　李　炎

李作森　杨艳丽　何霞红　张　炜

张红骥　陈　斌　陈齐斌　陈建斌

赵艳龙　郭华春　郭怡卿　彭扎发

蔡　红

序

习近平总书记指出："扶贫先扶智"。我国西南边疆直过民族聚居区，农业生产资源丰富，是不该贫困却又深度贫困的地区，资源性特长与素质性短板反差极大，科技和教育扶贫是该区域脱贫攻坚的重要任务。为了提高广大群众接受新理念、新事物的能力，更好地掌握农业实用技术知识，让科学技术在农业生产中转化为实际生产力，发挥更大的作用，达到精准扶贫的目的，中国工程院立足云南澜沧县直过民族地区，开设院士专家技能培训班，克服种种困难，大规模培养少数民族技能型人才，取得了显著的成效。

培训班围绕澜沧地区特色农业产业，淡化学历要求，放宽年龄限制，招收脱贫致富愿望强烈的学员，把课堂开在田间地头，把知识融于技术操作，把课程贯穿农业生产全流程，把学员劳动成果的质量、产量和经济效益作为答卷。通过手把手的培训，工学结合，学员们走出一条"学习—生产—创业—致富"的脱贫之路，成为实用技能型人才、致富带头人，并把知识和技能带回家乡，带动其他农户，共同创业致富。

为了更好地把科学技术送进千家万户，送到田间地头，满足广大群众求知致富的需求，院士专家团队在中国工程院、云南省财政厅、科技厅、农业农村厅等单位的大力支持下，在充分考虑云南省农业产业特点及读者学习特点的基础上，聚焦冬季马铃薯、林下三七、蔬菜、柑橘、中草药、热带果树、农村肉牛、肉鸡蛋鸡、生猪等具体产业，编著了"中国工程院科技扶贫职业教育系列丛书"共 15 分册。本套丛书涉及面广、内容精炼、图文并茂、通俗易懂，具有非常强的实用性和针对性，是广大农民朋友脱贫致富的好帮手。

　　科学技术是第一生产力。让农业科技惠及广大农民，让每一本书充分发挥在农业生产实践中的技术指导作用，为脱贫攻坚和乡村振兴贡献更多的智慧和力量，是我们所有编者的共同愿望与不改初心。

丛书编委会

2020 年 6 月

前 言

马铃薯是粮菜兼用型大宗作物,近年来国内外市场对马铃薯商品需求量日趋增加。我国的马铃薯生产春种秋收,秋冬两季供给充沛,但春夏两季鲜薯供给不足。近年来,山东、江苏、福建等地利用塑料大棚生产马铃薯,大棚鲜薯在6月左右上市,解决了部分鲜薯供给不足的问题,但春季至初夏的全国市场鲜薯供给缺口甚大,因此发展冬季马铃薯栽培能有效缓解我国春季至初夏鲜薯供给矛盾。

云南省具有气候多样性的显著特点,可实现马铃薯周年生产,按照区域布局,可分为:昭通、香格里拉等3—10月大春马铃薯(一季作区700万亩*);陆良8月至翌年1月(秋播马铃薯区100万亩);石屏、建水等10月至翌年4月(冬播马铃薯区200万～300万亩)。

云南省冬季马铃薯的优势与特点:

自然禀赋:我国南方地区,尤其是北纬23°以南地区的冬季气温均适宜栽培冬季马铃薯,但由于广东、广西、海南等地冬末春初降水较多,约占全年降水量的1/3,寡日照,湿度大,昼夜温差小(仅5～9℃),冬季马铃薯晚疫病发生严重,不利于优质高产栽培。而云南省热区冬春季降雨少光照足,降水仅占全年的10%～15%,马铃薯晚疫病发病率低,昼夜温差大(12～20℃),有利于块茎形成和营养物质积累,可实现

---

* 亩为非法定计量单位,1亩≈667米²。——编者注

1

高产栽培。

技术支撑：云南农业大学朱有勇院士团队长期致力于冬季马铃薯栽培技术研发，在省委省政府的大力支持下，针对云南省冬季马铃薯种植环境，构建了从品种选育到种薯处理、绿色防控、高效栽培、避雨避病等冬季马铃薯高效生态栽培技术体系。该技术的推广应用，使冬季马铃薯晚疫病发病率控制在5%以下，与夏季马铃薯相比，防效超过95%，减少农药用量80%，实现了冬季马铃薯优质高产栽培，在多年多点创造了百亩亩产超4吨、千亩亩产超3吨的高产典型示范，产生了显著的社会效益、经济效益，云南省也成为了我国冬季马铃薯面积最大的重要产区，形成了特色产业。

质量上乘：由于气候优势和技术保障，云南省冬季马铃薯质量和产量得到了保障，不论是外观品相还是内在成分都深受消费者的青睐。丽薯6号，表皮光滑、白皮白肉、大薯率高，淀粉含量12%～14%，香脆可口，是烹炒食用的首选食材；而合作88、青薯9号，红皮黄肉，淀粉含量15%～16%，具有特殊风味，深受云南、两广、港澳以及越南市场的欢迎。

前景广阔：云南省冬季马铃薯一般10—11月播种，翌年3—4月收获，是全国最早上市的鲜薯，满足了这一时期的市场需求，且鲜薯价位高，能显著促进农民增收。按照每亩3吨、每吨保守收购价2 000元计，每年推广200万亩冬闲田马铃薯，可促进薯农增收百亿元，为发展高原特色农业，实现精准扶贫，谱写中国梦的云南篇章做出突出贡献。

云南省冬季马铃薯栽培起步较晚，目前栽培中主要存在的问题：品种单一，种薯市场混乱，价格高，种薯质量监测和认定体系不健全，脱毒种薯仅占15%左右；栽培管理粗放，机械化程度低（不足1%），技术标准不统一；缺乏病虫害防治的基本知识，病害严重、水肥管理不够精准明确。为有效解决以上存在的问题，云南农业大学冬季马铃薯创新团队对多年的研究成果进行整理，撰写了《冬季马铃薯露地高产栽培技术》一书，内容涉及马铃薯植物学特性、生长条件、种薯生产、栽培管理、病虫害防治、采后管理等，对提高云南省冬季马铃薯栽培水平，具有重要意义。

朱有勇院士

2020 年 11 月

目 录

第一章　马铃薯起源、传播与分布

一、马铃薯的起源

马铃薯，茄科茄属，一年生草本作物，别称洋芋、土豆、山药蛋、荷兰薯等。从名字看马铃薯是外来作物。马铃薯的故乡是南美洲安第斯山中部西麓濒临太平洋的秘鲁-玻利维亚区域。

二、马铃薯的传播

（一）马铃薯在世界的传播

1533 年，西班牙冒险家弗朗西斯卡·皮萨罗把马铃薯从南美洲带回欧洲，此后马铃薯由欧洲传播到大洋洲、北美洲和亚洲。算起来马铃薯在世界广泛栽培的历史不足 500 年，但目前栽培马铃薯的国家和地区有 160 多个，是最重要的粮食作物之一。

（二）马铃薯在中国的传播

马铃薯在中国的传入传播争议很大，马铃薯何时、通过什么途径传入中国目前没有定论。主要原因在于，记载马铃薯引种历史的史料数量少，且比较模糊，语焉不详。直到现在，马铃薯引入我国的确切年代和途径仍不清晰，专家初步认为是在明朝万历年间，但真正有图文记载是清朝吴其濬的《植物名实图考》（图 1）。

马铃薯传入云南后对云南社会经济发展起到了很大的推动作用。云南人对马铃薯的感情相当深厚，形成了特有的俗语文

阳芋　阳芋、黔、滇有之。绿密青茎，叶大小疏密、长圆形状不一，根多白须，下结圆实，压其茎则根实繁如番薯，茎长则柔弱如蔓，盖即黄独也。疗饥救荒，贫民之储，秋时根肥连缀，味似芋而甘，似薯而淡，羹臛煨灼，无不宜之。叶味如豌豆苗，按酒侑食，清滑隽永。闲花紫筩五角，间以紫缕，中繁红的，绿蕚一樱，亦复楚楚。山西种之为田，俗呼山药蛋，尤硕大，花色白。

图 1　《植物名实图考》

化，甚至用"大洋芋"形容厉害的人物。20 世纪初，滇系军阀的首领唐继尧是会泽人，会泽盛产马铃薯，所以大家称唐继尧为"唐大洋芋"。唐继尧的手下有两个昆明人（昆明产白菜）秦臻和顾品珍。1921 年春，他们倒戈造反将唐继尧推翻，唐继尧只好在大年三十流亡香港。当时昆明大街小巷张贴春联"一个洋芋辞旧岁，两颗白菜迎新年"。

三、马铃薯的分布

（一）马铃薯在世界的分布

马铃薯具有较广泛的适应性，在海拔 4 000 米以下，自赤道到南北纬 40°均可种植。目前，全球有 160 多个国家和地区种植马铃薯，分布面积仅次于玉米。根据联合国粮食与农业组织（FAO）统计数据（2018 年），全球马铃薯种植面积为 1 757.9 万公顷，总产量为 3.68 亿吨。2018 年，中国、印度、乌克兰、俄罗斯、孟加拉国、美国、尼日利亚、秘鲁、波兰、白俄罗斯排在马铃薯种植面积前 10 位，种植面积占世界总和的 66.87%（图 2）。马铃薯产量排在世界前 10 位的国家为中国、印度、乌克兰、俄罗斯、美国、孟加拉国、德国、法国、波兰、荷兰，产量占世界总和的 66.38%（图 3）。

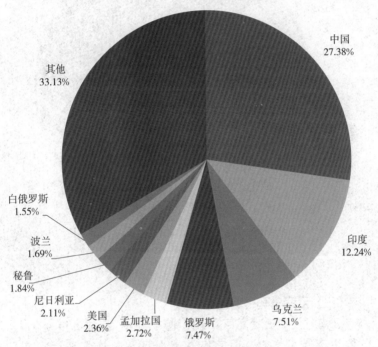

图 2 种植面积前 10 位国家的占比

（二）马铃薯的全国区划

中国是世界上马铃薯第一生产大国，马铃薯在全国范围均有种植。马铃薯是冷凉作物，月均温在 10～23℃的地区或季节均可种植。滕宗璠先生根据马铃薯的生物学特性，参照地理、气候和气象指标，将我国划分为 4 个马铃薯栽培区：北方一作区、中原二作区、南方冬作区和西南单双季混作区。

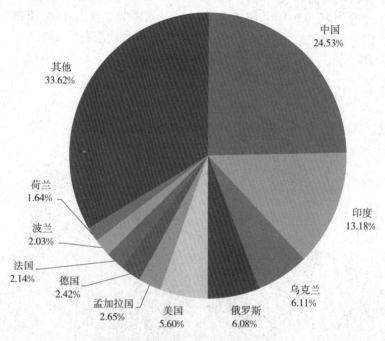

图 3　产量前 10 位国家的占比

（三）云南省马铃薯区划

云南省处于云贵高原，地形地势复杂，海拔高度变化大，气候生态类型多样、垂直变化十分明显，终年温度在 5～24℃，南北气温相差 19℃左右，无霜期长，雨量充沛，分布不均。根据云南自然生态特点、地理区域、马铃薯耕作制度和产业发展趋势等，将云南划分为 3 个马铃薯栽培区：滇东北、滇西北马铃薯大春作一季种植区，滇中马铃薯多季种植区，滇南、滇西南马铃薯冬作一季种植区。云南省各地区依据当地气候特点适时栽培马铃薯，形成了春、夏、秋、冬四季均可生产马铃薯的周年栽培模式（表 1）。

表 1　马铃薯的周年栽培模式

栽培季节	播种期	收获期
早春作	12 月至翌年 1 月	4—5 月
春作	2—5 月	6—10 月
秋作	7—9 月	11—12 月
冬作	10—11 月	2—3 月

四、云南省冬季马铃薯栽培

云南滇中的玉溪、昆明，滇西的大理、保山等沿湖盆地、亚热带坝区和河谷地带均可进行冬早马铃薯种植，包括冬作和早春作马铃薯，并称为冬季马铃薯。冬季马铃薯生产主要有三大特点：

（1）栽培期较短，适合生育期中熟、中晚熟，对光照和温度都不敏感的品种。

（2）南部热带、亚热带地区气温高，马铃薯退化快，不易贮藏，生产的马铃薯基本不能留种，目前的种薯大部分由大春栽培区调入。

（3）云南冬作马铃薯在旱季和霜季栽培时，植株容易受到干旱和寒冷胁迫，尤其是亚热带 12 月末播种的早春栽培马铃薯。在冬季马铃薯栽培区，地膜覆盖技术可使墒面保湿、保温，很好地解决了干旱和寒冷的问题，对冬季马铃薯的发展起到重要作用。

云南省热区适合冬季马铃薯种植的耕地有 69.6 万公顷，目前冬早马铃薯种植面积 20.0 万公顷，仅占热区已开垦的耕地面积约 1/3。云南的热区资源主要集中在滇南、滇西南的西双版纳、德宏、临沧、普洱、红河、文山 6 个地州和保山地区的一部分。目前已实现广泛种植马铃薯的州是德宏、红河、临沧，在西双版纳、普洱、文山及保山部分地区还有较大的发展潜力。这些地区冬无严寒，夏无酷暑，亦无台风危害，光、热、水都较充足，十分有利于冬季马铃薯的生长，具有较大的开发潜力。

云南省冬季马铃薯主要消费市场为北方地区。中国北方马铃薯产区为大春一季作区，一般商品薯需要到8月份以后才能上市。马铃薯在仓库或者地窖储存，成本高、消耗大，因此北方市场常在1—6月份出现市场空档。滇南冬季2—4月份上市的马铃薯恰好弥补了这一空缺。马铃薯收获后，汽车就在田间地头等候收购，大大减少了储存环节的劳动力、成本，生产效益好。云南春播作物秋收后，大量冬闲田用来发展冬季马铃薯，有利于促进农村经济发展和农民增收。

2016年冬，朱有勇院士到澜沧发展冬季马铃薯产业，实现了"一亩地、一百天、一万元"的产业扶贫目标（图4、图5）。

图4　朱有勇院士在田间

图5　喜获丰收

第二章　马铃薯植物学特性

一、马铃薯的根

　　马铃薯用块茎繁殖所发生的根系为须根系。根系的总量仅占植株体总量的 1%～2%，比其他作物都小，且多分布在土壤浅层，易受外界环境变化的影响。主要根系分布在土壤表层 30 厘米左右，一般不超过 70 厘米（图 6）。

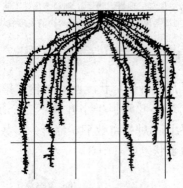

图 6　马铃薯根系分布

二、马铃薯的地上茎和匍匐茎

　　1. 地上茎　由块茎幼芽发育成的地上枝条。栽培种大多数直立，部分品种生育后期略带蔓性或倾斜生长。马铃薯地上茎高 30～100 厘米，早熟品种一般较矮。当种植密度过大或氮肥施用过多时，易造成茎高而细弱，节间变长，生育后期易倒伏。

　　2. 匍匐茎　由主茎地下茎节上的腋芽发育而成，是形成块茎的器官。匍匐茎发生后，在地下呈水平方向生长，顶端弯钩状。在适宜条件下，匍匐茎的顶端膨大发育形成块茎（图7）。据调查，在正常情况下，匍匐茎的成薯率50％～70％。不形成块茎的匍匐茎到生育后期多数自行凋亡。

图7　匍匐茎形成块茎的过程
1. 匍匐茎顶端呈现弯钩状　2. 匍匐茎顶端不明显膨大
3. 匍匐茎顶端明显膨大　4. 弯钩消失形成块茎

三、马铃薯的叶

马铃薯的叶片为奇数羽状复叶。马铃薯第1片叶为单叶，从第2片叶起出现小叶和顶生小叶的不完全复叶。一般从第5、6片叶开始为该品种的奇数羽状复叶。多数品种有7～9片小叶组成的奇数羽状复叶（图8）。

图8　马铃薯的叶

四、马铃薯的花

马铃薯的花序属于分枝型的聚伞花序。花序的主干基部着生在茎的叶腋或叶枝上，称为花序总梗，总梗上有分枝，花着生于分枝的顶端（图9）。每朵花由花萼、花冠、雄蕊和雌蕊四部分组成。马铃薯是自交授粉作物，天然杂交率极低。不同品种开花结实情况差异较大，有些品种结实率高，有的极低。

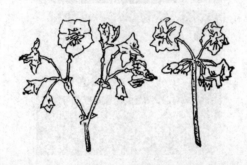

图9 马铃薯的花

五、马铃薯的果实与种子

1. 果实 马铃薯的果实为浆果，圆形或者椭圆形。果皮绿色、褐色或者紫绿色，有的果皮表皮着生白点。每个果实含种子100～200粒，多者可达500粒，少则只有30～40粒，也有无种子的果实（图10）。

图10　马铃薯果实

2. 种子　马铃薯种子很小，千粒重 0.3～0.6 克，扁平卵圆形，黄色或暗灰色（图11）。刚采收的种子，一般有 6 个月左右的休眠期。当年采收的种子发芽率 50%～60%，贮藏 1 年的种子发芽率更高。

图11　马铃薯种子

六、马铃薯的块茎

　　马铃薯块茎是匍匐茎顶端膨大形成的。马铃薯块茎皮色有白色、黄色、淡红、深红、玫瑰红、紫色等；肉色有白色、黄色、红色、紫色等，食用品种以黄色和白色居多（图12）。

　　块茎表面分布着向内凹陷的芽眼。芽眼在块茎上呈螺旋状排列，顶端芽眼分布较密；最顶端一个芽眼较大，内含芽较多，称为顶芽；在块茎萌发时，顶芽最先萌发，而且幼芽壮，长势旺盛。

图12　马铃薯块茎

第三章　马铃薯营养价值

一、马铃薯的营养特点

马铃薯具有丰富的营养价值，被营养学家誉为"地下苹果""长寿食品"。从食品营养学角度而言，马铃薯的营养价值可与鸡蛋相媲美，基本上不含脂肪，富含人体所必需的氨基酸，且氨基酸的组成平衡，直链淀粉和支链淀粉比例适中，易为人体消化吸收，维生素和矿物质含量较高。

二、马铃薯块茎中的花色苷

云南省具有接近马铃薯原产地——南美洲安第斯山区的自然条件，其气候和生态多样性使马铃薯分化出诸多品系，出现了一些彩色马铃薯品种，如剑川红、转心乌、古义紫芋、格杂红皮等（图 13、图 14）。

图 13　剑川红

图 14　转心乌

　　彩色马铃薯的皮色来自周皮和皮层外围的花色苷。花色苷是一类植物水溶性天然色素，具有保健功能。彩色马铃薯因其抗氧化、降血脂、防癌抗癌的保健功能，已成为当前功能性食品研究开发的热点之一（表2）。

表 2　云南 6 个彩色马铃薯品种块茎不同部位的花色苷含量

单位：毫克/100 克

序号	品种	皮	肉
1	转心乌	53.750	1.025
2	古义紫芋	47.850	1.025
3	格杂红皮	76.375	1.025
4	阿姆姑鲁	50.925	1.025
5	罗统紫芋	18.323	3.025
6	剑川红	55.173	1.025

三、马铃薯块茎中的生物碱

　　马铃薯植株不同部位都含生物碱类物质，该类物质被称为糖苷生物碱、龙葵素、龙葵碱或马铃薯毒素。块茎中糖苷生物碱含量在 10～15 毫克/100 克时，食用即有明显的麻苦味；含

13

量超过 20 毫克/100 克时，食后有中毒或致畸的危险。

稀植和培土不足，块茎露出土面，皮色变绿，糖苷生物碱的含量明显增加（图 15、图 16）。块茎贮藏时，随着贮藏期的延长，特别是贮藏期见光、春季块茎解除休眠后开始发芽时，糖苷生物碱积累量明显增加。

图 15　正常色泽的马铃薯块茎

图 16　变绿的马铃薯块茎

第四章　马铃薯生育期

马铃薯全生育过程一般可分为发芽期、幼苗期、块茎形成期、块茎膨大期、淀粉积累期、块茎成熟期和块茎休眠期等。马铃薯苗期主要是地上部茎叶生长。现蕾到开花是茎叶生长旺盛期，同时块茎进入形成期。开花后，茎叶生长迅速达到最大限度，此时块茎膨大速度最快。而后茎叶开始枯黄，块茎膨大直至茎叶干枯后才停止，进入休眠。不同品种生长发育的各个阶段出现早晚、时间长短差别极大。一般早熟品种的各生长发育阶段出现早且时间比较短，晚熟品种各阶段出现得晚且时间稍长。

一、发芽期

马铃薯的生长从块茎上的芽萌发开始，从芽萌发至出苗是发芽期（图17）。在发芽期，马铃薯以根系形成和芽的生长为中心，同时进行叶和花原基的分化。此阶段生长的中心是芽的伸长、发根和形成匍匐茎，营养和水分供应主要靠种薯。

发芽期间生长速度和质量，取决于种薯和发芽需要的环境条件。发芽期的长短与品种、种薯质量、环境条件和栽培措施有很大的关系。保证第一阶段的生长是获得马铃薯高产稳产的基础。

图17　发芽期

二、幼苗期

从出苗到第 6 叶（早熟品种）或第 8 叶（中晚熟品种）展平，为马铃薯的幼苗期（图 18）。此期间生长量不大，但叶片展开的速度很快，第 3 段的茎叶已分化完成，顶端孕育着花蕾，侧生枝叶开始发出。幼苗期以茎叶和根系发育为中心，同时伴随着匍匐茎的形成、伸长及花芽分化。

图 18　幼苗期

这一时期生长的好坏，是决定光合面积大小、根系吸收能力和块茎形成多少的基础。因此，在栽培上应以促根、壮苗为中心，尽快促进地上茎叶快速生长，使其尽早达到最大光合面积，促进更多匍匐茎的形成和根系向深、广发展，保证根系、茎叶和块茎的协调分化与生长。

三、块茎形成期

从现蕾到开花初期是块茎形成期，地上植株现蕾是地下块茎形成初期的标志（图 19）。此时，植株进入营养生长与生殖生长的并进时期。马铃薯的主茎开始快速拔高，主茎叶全部生成，并有分枝及分枝叶的扩展，根系进一步扩大。块茎膨大到鸽蛋大小，生长中心由地上部茎叶生长转向地上部茎叶和地下部块茎形成同时进行。当地下块茎增大到直径3厘米左右，地上主茎出现9～17片叶时，花蕾开始开花，块茎形成期即结束。

块茎形成期是决定结薯多少的关键，同一植株的块茎，大都在这一时期形成。随着茎叶的生长和块茎的形成，对水肥的需求量不断增加。因此，块茎形成期应保证充足的水肥供应，多次中耕培土，才有利于块茎的形成。

图19　块茎形成期

四、块茎膨大期

块茎膨大期基本与盛花期一致，是以块茎的体积和重量增长为中心的时期。开花后，茎叶生长进入旺盛期，叶面积迅速增大，光合作用旺盛，茎叶制造的光合产物大量向块茎输送，块茎快速膨大。此后，地上部分生长趋于停止，块茎继续增大，直至茎叶枯黄为止（图20）。

图 20　块茎膨大期

　　块茎膨大期是地上茎叶生长最旺盛的时期，也是决定块茎大小和产量高低的关键时期。该期也是马铃薯一生中需水需肥最多的时期，占生育期需肥量的 50％以上。因此，该期必须充分满足水肥需求，保证及时追肥浇水。

五、淀粉积累期

　　当开花接近结束，茎叶生长渐趋缓慢或停止，植株下部叶片开始衰老、变黄和枯萎，此时便进入了淀粉积累期（图21）。此期地上茎叶中贮藏的光合产物及养分继续向块茎输送，块茎重量继续增加，但体积基本不再增大。淀粉积累期以淀粉的积累为主，蛋白质、矿质元素也相应增加，糖分和纤维素则逐渐减少。淀粉的积累一直可继续到茎叶枯萎为止。

　　淀粉积累期应注意防止土壤湿度过大，以免引起烂薯。同时，适当增施磷、钾肥，可以加快同化物质向块茎运转，增强抗病能力和块茎的耐贮性，防止茎叶早衰或徒长。

图 21　淀粉积累期

六、块茎成熟期

当茎叶全部枯萎时，块茎重量不再增加，皮层加厚，即进入成熟期（图 22）。成熟的块茎表皮富有弹性，不易擦伤，幼嫩的块茎表皮易损伤。所以，种薯提前收获时，最好先割去茎叶，让块茎继续留在土内 10 天左右，促使块茎表皮组织木栓

图 22　块茎成熟期

19

化，以减少收获、运输和贮藏期间的损伤。块茎成熟期也必须注意防止土壤湿度过大，以免引起烂薯。

七、块茎休眠期

马铃薯块茎从成熟收获到芽眼萌动有一个休眠的过程。所谓休眠，是指刚收获的块茎在良好的条件下，也不能在短期内发芽，必须经过一段时期才能发芽，这段时期是块茎的休眠期。对于块茎，休眠解除越慢，越利于块茎的贮藏。对于种薯，在播种前应解除休眠，利于早出苗、出齐苗。

休眠期的长短因品种而异，一般早熟品种 2 个月左右，中熟及晚熟品种 3 个月左右，也有的长达 4～6 个月。此外，休眠期的长短还与外部因素如贮藏期温度有关。马铃薯贮藏的最适温度是 0～4℃，此条件下块茎休眠期大大延长，而 25℃ 左右的温度可明显缩短马铃薯的休眠时间。在生产上，休眠期短的品种，种薯可春种秋收，用于冬季种植。

第五章　马铃薯生长条件

一、马铃薯对温度的要求

　　马铃薯生长发育过程需要较冷凉的气候条件。马铃薯种薯适宜的发芽温度 15～25℃。通过休眠期的马铃薯块茎在土壤中温度达到 7～8℃时，就能萌芽，但在 10～20℃条件下，芽生长较快，根萌发早，数量多，扩展速度快。马铃薯茎叶生长最适温度 17～21℃。气温降到 −0.8℃ 及以下时，幼苗即会受到冷害，甚至死亡。当超过 29℃时，匍匐茎顶端不膨大，造成结薯延迟甚至不结薯。若超过 42℃，茎叶完全停止生长。块茎形成及膨大的适宜温度 14～22℃，超过 20℃，块茎生长缓慢；当温度低于 2℃和高于 29℃时，块茎停止生长（图 23）。

冷凉环境　　高温环境

图 23　不同温度下马铃薯块茎形成的模式

二、马铃薯对光照的要求

马铃薯属于喜光作物，充足的光照对马铃薯的生长发育是必不可少的。长日照对马铃薯茎叶生长有利，日照时间长、光照强度大，茎叶光合作用强，植株生长健壮，枝叶繁茂，容易开花结果。而块茎形成、发育和膨大则需要短日照和适当低温，昼夜温差大，也有利于干物质的积累，获得较高产量。

因此，马铃薯幼苗期日照时间长、光照强和适当高温，有利于根系、茎叶生长健壮；块茎形成期日照时间短、光照强和较大的昼夜温差，有利于结薯及同化产物向块茎转运，促进块茎中干物质的积累，提高产量（图 24）。

图 24　健壮的马铃薯植株

三、马铃薯对水分的要求

马铃薯整个生长期需水量较大，300～500 毫米均匀分布的降水量才能保证马铃薯的正常生长。马铃薯全生育期的需水规律总体上表现为前期耗水强度小，中期变大，后期又减小的近抛物线变化。马铃薯幼苗期占全生育期需水量的 10%～15%，块茎形成期占 20% 以上，块茎膨大期占 50% 以上，淀粉积累期占 10% 左右（图 25）。

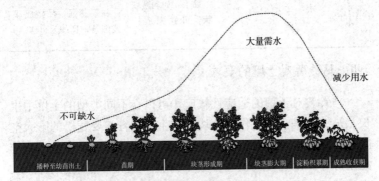

图 25 马铃薯各生育期需水规律

马铃薯生长发育的最佳土壤含水量为 75%～85%。不同生育期适宜的土壤相对含水量：苗期 50%～60%，块茎形成至块茎膨大期 75%～80%，淀粉积累期 60%～65%，后期水分宜少，应逐步降至 50%～60%，否则易造成烂薯，影响产量和品质（表 3）。

表 3 土壤相对含水量判断

相对含水量	沙土	壤土	黏土
30% 以下	干、松散	无湿感，松散	无湿感，土块坚硬
30%～50%	微有湿感，土块一触即散	有湿感，土壤稍润	微有湿感，土块用力捏碎时，手指有痛感
50%～80%	有湿感	手指可搓成薄片状	有湿感，手指可搓成薄片
80%～100%	手触可留下湿痕，可捏成坚固的团块	有可塑性，易搓成条	有可塑性，易搓成球、条，球、条粗面有裂缝

（续）

相对含水量	沙土	壤土	黏土
100%	手捏时有渍水现象	黏手，如同糨糊状，可勉强成团块状	黏手感强，易搓成球及细条，且条无裂纹

四、马铃薯对土壤的要求

马铃薯对土壤的适应性较广，可以在不同类型的土壤中生长。马铃薯是浅根系作物，块茎的生长发育需要宽松的膨大空间，因而要求土壤有机质含量丰富、土层深厚、质地疏松、排灌条件好，以轻质壤土和沙壤土为宜。这两种土壤土层深厚、土质疏松、通气良好，具有较好的保水保肥能力，为中耕培土等农业生产措施和收获提供便利；播种后块茎发芽快、出苗整齐、发根也快，有利于块茎膨大，且马铃薯块茎淀粉含量高、薯皮光滑、薯形整齐。

在不同的土壤中，种植马铃薯需要采取不同的栽培措施。沙性大的土壤，种植马铃薯应特别注意加强肥水管理。黏性较大的土壤，易板结，雨后或浇水后透气性较差，在这类土壤上种植马铃薯最好采用高垄栽培（图 26）。

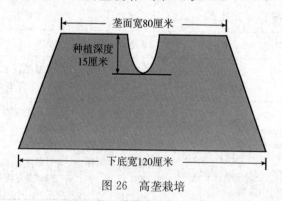

图 26　高垄栽培

土壤质地类型，在农业实践中可用简易法进行判断。具体操作方法：取少许耕作层土壤放于手心，加入适量水和匀，揉搓成球、条、环等形状，根据其松散、黏结情况来鉴别。沙土：不成球，也不成条。沙壤土：可以成球，但不成条。轻壤土：可以成球，成条易断，难成环。中壤土：可以成条，成环有裂纹。重壤土：可以成环，但压扁有裂纹。黏土：成条，压扁无裂纹且有光泽（图27）。

图27　黏土

五、马铃薯对肥料的要求

正如谚语所说："有收无收在于水，多收少收在于肥。"马铃薯是需肥量较大的作物，吸收量最大的矿物质养分为钾、氮、磷，其次是钙、镁、硫，以及微量的铁、硼、锰、铜、锌、钼等（图28）。马铃薯每生产1 000千克块茎，需要从土壤中吸收氮5～6千克、磷1～3千克、钾8～10千克。

应根据品种类型、肥料种类合理施肥。磷肥移动性小，可作为底肥一次性施入。氮肥和钾肥针对早熟品种，可80%用作基施肥料，20%于现蕾前施入或者一次性底施；晚熟品种，则要注重追肥，氮肥和钾肥70%的肥料基施，30%于现蕾前和花期追施。沙质土壤保肥能力差，易漏水漏肥，应少量多次施入。

图 28　马铃薯需肥元素

第六章 马铃薯退化与种薯生产

一、马铃薯退化

(一) 马铃薯退化的原因

马铃薯种植世代中，出现生长势衰退，植株矮化、变小、茎秆纤弱、叶片皱缩、花叶、卷叶，地下块茎出现变小、变形、薯皮龟裂等现象，这种现象称为马铃薯的退化（图 29）。

图 29　马铃薯退化表现

马铃薯退化主要由于生产过程中受到病毒侵染，病毒通过种薯无性繁殖逐代增殖积累并世代传递的结果。受病毒侵染的马铃薯种薯产量降低，在生产上失去利用价值。

(二) 常见病毒及传播途径

现已研究出的能侵染马铃薯的病毒有 30 多种，分布于世界各地马铃薯的种植区。危害我国马铃薯产区的主要病毒和类病毒有马铃薯卷叶病毒（PLRV）、马铃薯 A 病毒（PVA）、马铃薯 Y 病毒（PVY）、马铃薯 M 病毒（PVM）、马铃薯 X 病毒（PVX）、马铃薯 S 病毒（PVS）、马铃薯纺锤状块茎类病毒（PSTVd）。这些病毒通常会复合侵染，造成的危害更大。蚜虫是马铃薯病毒传播的主要昆虫介体。

（三）病毒分布

病毒在植物维管系统发达的较老组织中含量较多，如叶片、茎、块茎；而在茎尖等维管系统不发达的地方密度低。在植物的花器，特别是胚中，病毒往往不易侵染，所以种子不存在一般的病毒，但不排除类病毒或菌原质体的侵入。

在植株生长点的分生组织，细胞没有充分分化前，病毒不易侵染，所以在马铃薯茎尖叶原基处的分生组织中几乎不存在病毒。因此，在生产上常采用剥离茎尖的方法生产马铃薯脱毒苗。

二、马铃薯脱毒

马铃薯茎尖脱毒苗生产无病毒种薯，可以从根本上解决马铃薯种薯因病毒侵染而导致严重退化、产量降低、品质下降等问题。无病毒种薯生产必须把握好三个关键：选对品种，确保脱毒质量，脱毒苗要在无毒环境条件下繁殖。因此，茎尖脱毒苗繁殖生产无病毒种薯的过程中要遵守相关的生产操作技术规程，确保生产出符合质量标准的种薯。

马铃薯脱毒的基本流程（图30）：

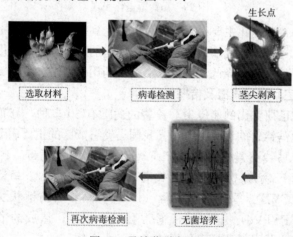

图30　马铃薯脱毒流程

①选取健康的植株或者发芽的块茎。

②对茎尖进行病毒检测。

③剥离茎尖带 1～2 个叶原基的生长点。

④将剥离的茎尖在培养基中培养。

⑤将茎尖培育成的幼苗再次进行病毒检测。

三、马铃薯脱毒种薯繁育技术

（一）脱毒试管苗扩繁

将马铃薯脱毒苗进行切段繁殖，速度快且安全，完全避免了病毒的再侵染。具体操作流程：在无菌的超净工作台上，将长至 6～7 节茎尖的脱毒苗切去顶部，按每段一个节间切段，转移到三角瓶的培养基上，然后放在培养室内培养（图 31）。

脱毒苗　　　　　　　　　扩繁的脱毒苗

图 31　脱毒试管苗的扩繁

（二）诱导试管薯

马铃薯试管薯是在脱毒试管苗之后，保存种质和生产无毒种薯的新技术。诱导马铃薯试管薯分为两个阶段：一是对切段扩繁的脱毒苗进行培养，二是将脱毒苗进行黑暗处理，进行试管薯诱导（图 32）。

（三）温室基质脱毒种薯繁育

脱毒小薯是采用马铃薯脱毒试管苗或试管薯在防虫网隔离

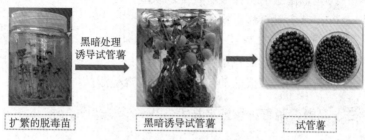

黑暗处理
诱导试管薯

扩繁的脱毒苗 → 黑暗诱导试管薯 → 试管薯

图 32　诱导试管薯

条件下直接生产的种薯。目前由于组织培养所需的设备、试剂及设施价格较昂贵，直接利用试管苗切段扦插在基质中快繁微型薯原原种，可相对降低成本（图 33）。

试管苗移栽　　　　剪顶

扦插　　　　收获

图 33　种薯繁育

温室基质脱毒种薯繁育主要分为 5 个步骤：

（1）对脱毒苗进行壮苗，提高移栽成活率。

（2）对温室进行消毒，保证温室无虫，无杂菌。

（3）准备疏松、通气性良好的基质，并掺入必要的营养元素。

（4）将健壮试管苗，洗去培养基，移栽至苗床中。

（5）脱毒苗移栽成活后，长至5～8片叶时，连续剪顶芽和腋芽扦插。扦插苗成活后，每60天左右即可收获1次小薯。

（四）雾培脱毒种薯繁育

随着科技发展，无土栽培技术已经成为相当重要的栽培方式（图34、图35）。雾培技术采用连续生产和规范化管理方式，不受气候环境因子的影响，可以显著提高脱毒原原种的繁殖系数，增加马铃薯的单株结薯数，提高脱毒原原种产量。

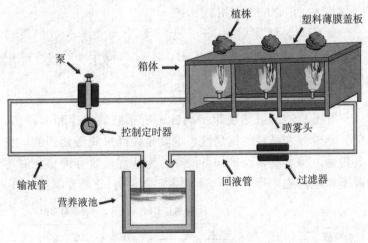

图34 雾培系统

雾培脱毒种薯繁育主要分为2个步骤：

（1）假植炼苗。将脱毒试管苗从根部剪下，并剪去基部叶片，将剪好的苗插入含营养液的育苗盘中，覆上薄膜，放入已

图 35　雾培种薯

消毒的炼苗室中进行炼苗。

（2）移栽定植。假植炼苗 5 周后，挑选长势形态一致的幼苗移栽到已消毒的气雾培温室中。

在马铃薯结薯后每 5～7 天采收 1 次大于 5 克的马铃薯种薯。采收的种薯晾晒 1 周，之后贮藏于 4℃的冷库中保存。

（五）良种生产体系的建立

脱毒马铃薯虽然脱除了马铃薯所感染的病毒和病原菌，但并不能改变品种的抗病性，也就是说经过脱毒处理的马铃薯种薯，很容易再次被病毒侵染。为使优质脱毒种薯能够源源不断地供应生产，建立良种生产体系十分必要（图 36）。

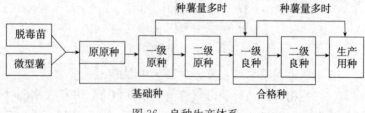

图 36　良种生产体系

建立良种生产体系需要从原原种生产开始，在防止病毒和其他病原菌再侵染的条件下，进一步大量生产原种和良种，为生产提供健康种薯。

（六）云南省冬季马铃薯种薯供种体系构建

传统的马铃薯种薯繁育体系在生产中暴露出生产周期长、质量不稳定等缺点，已经跟不上云南省马铃薯产业快速发展的要求。以雾培技术生产微型薯为基础的种薯三级繁育体系（图37），充分利用云南省四季皆可种植马铃薯的生态环境优势，当年秋季扩繁原种，第2年春季扩繁一级种。大田扩繁时间短，有效地防止了病毒等病原体再侵染，质量更有保障。昭通、会泽、宣威、丽江等地实践证明，该繁种体系高效、实用，可显著提高云南省马铃薯产业的经济效益及竞争水平，促进马铃薯产业持续、健康发展。

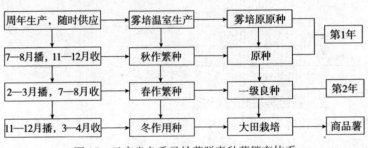

图 37 云南省冬季马铃薯脱毒种薯繁育体系

四、马铃薯种薯检测

（一）马铃薯种薯检测范围

马铃薯种薯检测对象包括原原种（G1）、原种（G2）、一级种（G3）、二级种（G4）。有害生物包括非检疫性有害生物和检疫性有害生物，涵盖马铃薯病毒、细菌、真菌和昆虫等（表4）。

表4　马铃薯种薯检测有害生物明细

有害生物种类	非检疫性有害生物	检疫性有害生物
病毒	马铃薯 X 病毒 马铃薯 Y 病毒 马铃薯 S 病毒 马铃薯 M 病毒 马铃薯卷叶病毒	马铃薯 A 病毒 马铃薯纺锤块茎类病毒
细菌	马铃薯青枯病菌 马铃薯黑胫病和软腐病菌 马铃薯疮痂病菌	马铃薯环腐病菌
真菌	马铃薯晚疫病菌 马铃薯干腐病菌 马铃薯湿腐病菌 马铃薯黑痣病菌	马铃薯癌肿病菌
昆虫	马铃薯块茎蛾	马铃薯甲虫
植原体		马铃薯丛枝植原体

注：参考 GB 18133—2012。

（二）各级种薯质量要求

各级种薯在生产过程中，包括田间生长、收获后以及库房存储阶段，都需要进行质量检测（图38）。

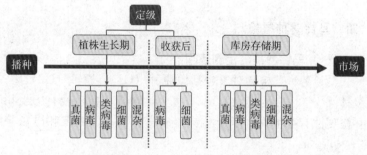

图38　马铃薯种薯生产检测流程

马铃薯质量应符合以下标准（表5～表7）。

表5　各级别种薯田间检查植株质量要求

项目		允许率[a]/（%）			
		原原种	原种	一级种	二级种
混杂		0	1.0	5.0	5.0
病毒	重花叶	0	0.5	2.0	5.0
	卷叶	0	0.2	2.0	5.0
	总病毒[b]	0	1.0	5.0	10.0
青枯病		0	0	0.5	1.0
黑胫病		0	0.1	0.5	1.0

注：参考 GB 18133—2012。

a　表示所检测项目阳性样品占检测样品总数的百分比。

b　表示所有有病毒症状的植株。

表6　各级别种薯收获后检测质量要求

项目	允许率/（%）			
	原原种	原种	一级种	二级种
总病毒病（PVY 和 PLRV）	0	1.0	5.0	10.0
青枯病	0	0	0.5	1.0

注：参考 GB 18133—2012。

表7　各级别种薯库房检查块茎质量要求

项目	允许率/（个/100 个）	允许率/（个/50 千克）		
	原原种	原种	一级种	二级种
混杂	0	3	10	10
湿腐病	0	2	4	4
软腐病	0	1	2	2
晚疫病	0	2	3	3
干腐病	0	3	5	5
普通疮痂病[a]	2	10	20	25

（续）

项目	允许率/（个/100个）	允许率/（个/50千克）		
	原原种	原种	一级种	二级种
黑痣病[a]	0	10	20	25
马铃薯块茎蛾	0	0	0	0
外部缺陷	1	5	10	15
冻伤	0	1	2	2
土壤和杂质[b]	0	1%	2%	2%

注：参考 GB 18133—2012。

a　病斑面积不超过块茎表面积的 1/5。

b　允许率按重量百分比计算。

第七章　马铃薯栽培管理

一、地块选择及栽培模式

（一）地块选择

种植地块应具备较好的水源条件，交通便利，地势平坦；土壤要求通透性较好，富含有机质、肥力较高、土层深厚、微酸性，轻壤土或富含腐殖质的沙壤土最佳；不受建筑物、林木等遮阳影响；避免重茬，前茬作物不能是马铃薯、茄子、辣椒、番茄、烟草等茄科作物，且地块周围不能种茄科作物，可选用玉米、小麦、水稻等禾本科作物为前茬（图 39）。

图 39　避免重茬

另外，还应考虑田块的种植史，包括马铃薯种植频率、多年生杂草、土传病害（疮痂病、粉痂病、黑胫病、青枯病、枯萎病等）、线虫等。前茬作物使用过莠去津类除草剂的地块，也不宜种植马铃薯。

（二）栽培模式

云南省冬季马铃薯主要栽培模式有：单垄单行、单垄双行、厢作（图 40）。

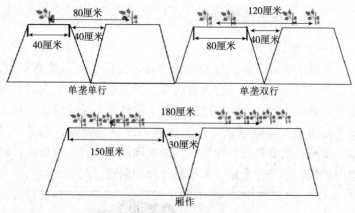

图 40　栽培模式示意

目前单垄双行是主推栽培模式，可实现高产、抗病、机械化种植。种薯放置在垄下正中合适的深度，具体深度由品种、土壤类型及气候条件决定；沙壤土可以适当深播（图 41）。

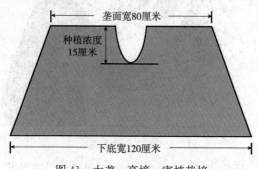

图 41　大垄、高塿、密植栽培

二、品种选择

依据市场需要应选择在短日照、低温下生长良好，生育期较短，结薯早，兼具适应性好、产量高、大薯率高等特点的冬季专用鲜食马铃薯品种。此外土壤质量、抗性以及贮藏品质等也作为选择的依据。

主栽品种有：合作88、丽薯6号、青薯9号、滇薯23、宣薯2号、云薯304等品种。在充分了解品种特点的基础上，选择不同的栽培管理模式，可实现良种与良法有效结合，从而达到高产的目标。

（一）合作88

1. 特征与特性　晚熟品种，生育期140天，休眠期长，耐贮存（图42、图43）。红皮黄肉，蒸食品质优，适口性好，适于鲜食或加工成淀粉、薯片。该品种高抗卷叶病毒病、癌肿病，易感染青枯病，叶片高抗晚疫病，但块茎对晚疫病抗性差，晚疫病严重的年份，贮藏期间腐烂块茎较多。

图42　花　　　　图43　块茎

2. 栽培要点　该品种为典型的短日照品种，适宜春季滇东北、滇西地区以及冬作区的德宏州等地。由于需肥量较大，

39

该品种栽培宜选中上等肥力地块，肥料以农家肥为主，重施基肥。注意防治田间晚疫病。

（二）丽薯6号

1. 特征与特性　　薯块大而整齐，白皮白肉，商品率高，大中薯率高达85％以上；结薯集中，薯块休眠期长，耐贮性好；生育期112天左右，中晚熟品种，高抗马铃薯晚疫病，较抗马铃薯Y病毒病（图44、图45）。

图44　花　　　　　图45　块茎

2. 栽培要点　　该品种为典型的短日照品种，适应性较强，在云南省冬作区均适合推广栽培。由于需肥量较大，该品种栽培宜选中上等肥力地块，重施基肥，注意苗期提苗肥的使用，加强水肥管理及马铃薯早疫病的防治。

（三）青薯9号

1. 特征与特性　　生育期100天左右，中晚熟鲜食菜用型品种（图46）。匍匐茎短，单株结薯数7个左右，大中薯率高，薯型椭圆形，红皮黄肉，表皮网纹，芽眼浅而少，块茎休眠期长，耐贮性好。抗马铃薯晚疫病和环腐病；植株抗寒、抗旱。

2. 栽培要点　　该品种丰产性和适应性好，大春、秋作和冬作均可种植。播种方式以穴播或沟播较好，播种深度以15～

18 厘米为宜。一般在播种前每亩施优质有机肥 500～1 000 千克，亩施马铃薯专用肥 80 千克（或等量的其他肥料）。

图 46 青薯 9 号块茎

(四) 滇薯 23

1. 特征与特性 全生育期 116 天左右。株高 60～80 厘米，地上地下部分比例适中。结薯集中，块茎形状长椭圆形，红皮淡黄肉、芽眼中等多、深浅中等，商品薯率 80％以上。该品种产量高，商品薯率高，薯形好。干物质含量 24.20％，淀粉含量 14.28％，粗蛋白质含量 2.70％，维生素 C 含量 7 毫克/100 克，还原糖含量 0.32％，食味品质佳，有清香味。

2. 栽培要点 该品种冬季、小春、大春均适合种植，适应性和丰产性好（图 47）。选用脱毒种薯，适时播种，选择水

图 47 滇薯 23 块茎

肥条件较好地块种植，亩适宜播种密度 3 700～4 500 株，亩施马铃薯专用肥 80 千克和精制有机肥 500 千克，适当增施钾肥。田间表现抗 X 病毒和 Y 病毒，注意防治晚疫病。

（五）宣薯 2 号

1. 特征与特性　生育期 110 天左右，中晚熟鲜食菜用型品种（图 48）。结薯集中，块茎大小整齐，大中薯率高，椭圆形，黄皮黄肉，表皮光滑，芽眼浅而少，块茎休眠期中等，耐贮性好。易感晚疫病。

图 48　宣薯 2 号块茎

2. 栽培要点　该品种适应性广、丰产性好，春作、秋作、冬作三季均适宜种植。该品种喜高水肥，应选择肥力中上、阳光充足、病害少、前作非马铃薯的地块，选择健康种薯种植。在苗期和现蕾期进行 2～3 次中耕，并根据植株长势强弱情况适量追施尿素。生育期间注意去除杂草、拔除病株和防治晚疫病。

（六）云薯 304

1. 特征与特性　早熟，生育期 85 天左右（图 49、图 50）。结薯集中，块茎圆形，薯皮光滑，芽眼中等深，大中薯

率 80％以上，黄皮淡黄肉，炸片品质好。高抗晚疫病，抗 X
花叶病毒和 Y 花叶病毒。

2. 栽培要点　该品种植株不繁茂，喜大肥大水，择肥力
中等以上的地块种植。选用健康种薯，播种前剔除病、烂、杂
种薯。种植密度 5 000～6 000 株/亩为宜。亩施腐熟农家肥
2 000～2 500 千克，适量化肥作底肥（参考值：亩施碳酸氢铵
100～120 千克，过磷酸钙 100 千克，复合肥 40～80 千克）。
苗期和现蕾期进行 2～3 次中耕培土。适时收获。

图 49　云薯 304 植株

图 50　云薯 304 块茎

（七）会-2

1. 特征与特性　生育期 120 天左右，中晚熟；结薯集中，
大薯率高，薯块椭圆至长椭圆，芽眼深度中等，白皮白肉，休

眠期长，耐贮藏，特大薯易畸形和空心。植株耐旱力较强；高抗晚疫病和癌肿病，感病毒病（图51、图52）。

图51　会-2植株　　　　　图52　会-2块茎

2. 栽培要点　该品种冬季、小春、大春均适合种植，适应性和丰产性好，结薯早，播种密度大春 3 500～4 000 株/亩，小春 5 000～6 000 株/亩。为充分发挥其增产潜力，亩施腐熟厩肥 1 500～2 000 千克，氮∶磷∶钾＝15∶15∶15 复合肥 60 千克以上，两种肥料作基肥施入。在封行前，可辅施少量磷、钾肥促进薯块膨大。

（八）大西洋

1. 特征与特性　生育期 90 天左右，中熟加工型（薯片）品种（图53）。结薯集中，块茎大小中等而整齐，每株结薯一般 3～4 个，商品薯率高，薯型介于圆形和长圆形之间，淡黄皮白肉，表皮有轻微网纹，芽眼浅而少。田间种植表现较抗花叶病和卷叶病。

2. 栽培要点　该品种稳产性好，选择优质脱毒种薯在沙壤土种植，要适时早种，种薯要渡过休眠期。生长期不能缺水

图 53　大西洋块茎

缺肥，肥料以农家肥为主，化肥作补充；施肥方法以基肥为主，追肥为辅。注意防治田间晚疫病。

（九）费乌瑞它

1. 特征与特性　生育期 60～70 天，早熟鲜食菜用品种（图 54）。结薯集中，块茎大而整齐，一般每株结薯 4～5 个，商品薯率高，薯型长椭圆形，淡黄皮深黄肉，表皮光滑，芽眼浅而少。植株对 PVA 病毒和癌肿病免疫，抗 PVY 病毒和卷叶病毒，易感晚疫病，不抗环腐病和青枯病。

2. 栽培要点　该品种丰产性和适应性好，秋作、早春和冬作均可种植。亩施优质有机肥 1 000～1 500 千克，同时施入

图 54　费乌瑞它块茎

马铃薯专用复合肥 60~80 千克（或等量其他肥料）。

三、种薯选择及处理

种薯的选择和处理将直接影响产量和品质，因此要高度重视。

（一）种薯选择

选择合格的脱毒种薯是获得高产的基础，种薯生产地点及生产单位应具有生产经营许可证；应选用脱毒马铃薯一、二级种薯，杜绝使用商品薯替代种薯。当种薯运抵种植基地时，可以随机挑选 100 个薯块，清洗之后对品种特性、细菌感染、真菌性病害、机械损伤的情况进行统计。

（二）种薯处理

1. 催芽处理　马铃薯收获后进入休眠期，在贮藏的过程中逐渐脱离休眠状态。种薯的一般贮藏温度为 3~4℃，延迟萌发的种薯，在播种后要经历更长时间的出苗，会大大增加感染真菌性病害的风险（如丝核菌及镰刀菌），并延迟收获时间，对产量带来不利影响。

种植前30～40天调运种薯，将种薯平铺在具有散射光的棚室内，可平铺3～4层，并确保每5天翻动1次。当种薯自然度过休眠期，出芽后即可进行播种。

若未能及时调种，种薯处于休眠状态的，可采用如下办法进行处理：

（1）将种薯置于温度为20～25℃、黑暗的条件下，促进其度过休眠期，然后摊放在散射光下，促芽变壮、变绿（图55、图56）。

（2）25％的甲霜灵或58％的甲霜·锰锌500倍液，加0.5～1.0毫克/升的赤霉素，喷洒在干净过筛的河沙上，边喷边拌匀，然后做成催芽床，沙厚3厘米。在沙面上摆放1层种薯，盖2厘米沙，如此摆4层，最后盖3厘米厚的沙，保持床内润而不湿，5～7天后检查催芽情况。若种薯仍未度过休眠期，可再用赤霉素0.5毫克/升、多菌灵1 000倍液、磷酸二氢钾0.2％混合液对薯块进行均匀喷雾，自然晾干，待出芽达到0.5～1.0厘米时播种。

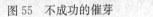

图55　不成功的催芽　　　　图56　短壮芽

2. 切块处理　最好选择50克左右的整薯播种，避免切块传病和薯块腐烂造成缺苗。对于50克以上的大种薯，在播种前需进行切块处理。切块前准备两把刀、75％酒精、0.5％高锰酸钾或者1.0％浓度的漂白粉溶液。切块时每切一个患病种薯后，将切刀浸入消毒液消毒，然后换另一把刀操作（图 57）。

按国际上通用的切块标准，每个薯块重 50 克左右，每个切块具有 1～2 个芽眼。

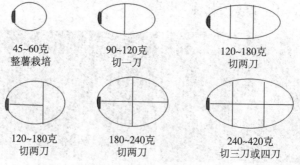

45～60克 整薯栽培	90～120克 切一刀	120～180克 切两刀
120～180克 切两刀	180～240克 切两刀	240～420克 切三刀或四刀

图 57　种薯切块方式

切块应确保在播种前 1～2 天进行，切好的块茎用滑石粉加杀菌剂（5.0％甲基托布津、10.0％磷酸二氢钾、0.2％农用链霉素）或微生物拌种剂拌种，每 3 千克拌种剂处理 200 千克种薯。拌种后块茎应该适当晾晒，使切块表面伤口愈合，木栓化。

准备好的种薯可在 10.0～12.5℃、通风条件良好的环境中放置 2～3 天，不要暴露于干燥、阳光下。如果条件无法保证，建议切完的块茎当天播完。

四、整地及播种

(一) 整地

晚稻收获后，当土壤含水量 40%～60% 时及时犁翻、晒垡、施用农家肥，达到待播状态。深耕最好达 30 厘米以上，土壤疏松、耙碎、平整后开沟或起垄（图 58）。

图 58 整地

（二）播种

1. 播种时间　依据不同区域选择适宜的播种时间，通常无霜或少霜的地区在 10 月下旬至 11 月中旬播种，如德宏州、临沧市部分县（区）；而有霜的县（市）如大理、开远等地通常在 12 月中下旬至翌年 1 月上旬播种，主要考虑避开马铃薯出苗前期的霜冻和后期结薯时的高温。

2. 播种方法　通常开沟播种，将催好芽的薯块按"品"字形错株播种，芽眼向下或切面向上，并在两薯块之间施基肥。播种时薯块不能直接接触基肥，有机肥可以撒施、条施、穴施。

3. 播种密度　冬季病虫害发生较轻，马铃薯植株生长较弱，可适当加大种植密度。为了便于培土、追肥和除草等管理，采取垄上双行种植，行距 30～40 厘米，株距 20～25 厘米，密度 4 000～5 000 株/亩。早熟品种可适当增加种植密度，中晚熟品种则适当降低密度。采用地膜覆盖，膜上覆土，出苗后保证每个薯块发出 1～2 个主茎。

4. 种薯用量及播种深度　根据种薯大小以及切块水平的差异，通常需要种薯 150～200 千克/亩。利用稻田种植冬季马铃薯一般浅开沟，种植深度 10～15 厘米。播种后高培土，有利于保持水分，促进早出苗，防止烂种现象的发生。

五、田间管理

（一）水分管理

冬季马铃薯的大部分生育阶段处于干旱少雨、空气湿度较低的季节，尤其在每年 2—4 月，正是马铃薯生长最旺盛的时候，对水分的需求最大，也是决定产量高低的关键时期，至少应保证每 5～7 天浇 1 次水。

冬季马铃薯不同阶段的适宜土壤相对湿度：苗期 50％～60％，块茎形成至块茎膨大期 75％～80％，淀粉积累期

$60\%\sim65\%$，后期水分宜少，否则易造成烂薯，影响产量和品质（图59）。

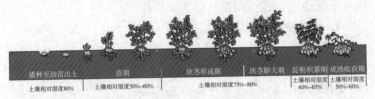

播种至幼苗出土	苗期	块茎形成期	块茎膨大期	淀粉积累期	成熟收获期
土壤相对湿度80%	土壤相对湿度50%~60%	土壤相对湿度75%~80%		土壤相对湿度60%~65%	土壤相对湿度50%~60%

图59　马铃薯各生育期土壤相对湿度

当土壤水分不足时，可采用沟灌或滴灌，灌水高度约畦高或垄高的1/3，最多不超过1/2，水保留数小时。当垄中间8~10厘米深处土壤湿润时及时将水排出，严防积水造成烂薯。若灌水不均匀或不合理，容易造成马铃薯空心、畸形等情况。很多薯块在干旱的情况下提前成熟，当水分供应充足时，薯块就会再次生长，薯块的芽顶端会长得更快，产生畸形薯（图60）。

图60　畸形薯

（二）养分管理

按照有机肥与无机肥相结合、基肥为主、追肥为辅的原则，平衡施肥，做到前促、中控、后保。

1. 滴灌施肥

底肥：施足、施好底肥是稳产高产的基础，每亩要施用45％硫酸钾型马铃薯专用复合肥（15-10-20）100～150千克，腐熟有机肥1 000～1 500千克，条施或穴施。

追肥：播种后18～20天，出苗率达90％左右、苗高10厘米时，每亩施用尿素10千克，兑水滴灌。播种后30～35天，在土壤干燥时滴灌平衡型水溶肥（17-17-17）4次，每亩每次5千克。马铃薯块茎形成及膨大期滴灌高钾型水溶肥（15-5-25）4次，每亩每次5千克。注意：追肥要早、及时，宜在下午进行；应避免肥料沾在叶片上；化肥用量不能过多，否则易造成浪费及肥害；滴灌用肥应采用过滤器（图61）。

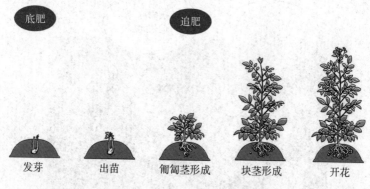

图61　底肥及追肥的施用时期

2. 常规施肥　每亩施用1 000～1 500千克有机肥作基肥，播种时100～150千克/亩硫酸钾型复合肥（16-5-22）或硫酸钾型马铃薯专用复合肥（15-10-20）作种肥。一般追肥2次，出苗后 1 个月结合中耕追 1 次，每亩施用尿素 10 千克；薯块膨大期追施 1 次，每亩施用 45％硫酸钾型复合肥（15-10-20）15～20 千克。肥沃地、高产田可不追施氮肥。

（三）中耕培土

马铃薯结薯层主要分布在 10～15 厘米的土层中，需要疏松的土壤环境。通过中耕可以达到起垄和除草的作用，同时改善土壤的水、肥、透气条件。通常中耕除草 2～3 次：第一次在苗高 2～3 厘米时进行，有利于马铃薯苗顺利破膜；第二次苗高 10 厘米时浅锄；第三次现蕾前浅锄，注意防止切断新长出的匍匐茎（图 62）。

早培土可有效避免对地下根、匍匐茎的伤害；高培土有利于保水、保肥、防霜冻、减少青头、提高块茎品质、增加产量。培土要做到垄面不留空白，垄面上的地膜要覆土均匀，使种薯以上的土层厚度达到 15～20 厘米。培土时应尽量避免泥土把叶片盖住。

图 62　中耕培土

（四）杂草防除

马铃薯田间常有禾本科杂草和阔叶杂草混生，分布广泛且危害较重的种类主要有藜、扁蓄、稗草、反枝苋、蒺藜、苍耳、苣荬菜、狗尾草、猪毛菜、田旋花等（图 63～图 66）。

图 63　藜

图 64　稗草

图 65　反枝苋

图 66 苣荬菜

1. 发生与危害 杂草是马铃薯生产的大敌。农田杂草在生长发育上远比马铃薯优胜，与马铃薯争夺水分、养分、光照和空间，影响通风透光和光合作用，阻碍马铃薯生长，给生产带来很大损失。

2. 防除措施 ①通过轮作降低伴生性杂草的密度，改变田间优势杂草群落，降低田间杂草种群数量。②深翻整地可防除多年生杂草。土壤多次耕翻后，多年生杂草被翻埋在地下而逐渐减少或长势衰退，生长受到抑制，从而达到除草的目的。③中耕培土，一般在苗高1厘米时进行第一次，第二次在封垄前完成。④人工除草。适于小面积或大草拔除。⑤利用有色地膜，如黑色膜、绿色膜等覆盖具有一定的抑草作用。⑥喷施除草剂，具有省工省时、争取农时、防除彻底等优点。目前有土壤处理和茎叶处理两种方法。

六、主要病虫害防治

为及时发现田间病虫害，应每周至少检查1次，及早防治，尽量减少损失（图67）。

图 67　田间巡查

（一）马铃薯晚疫病

1. 症状　此病可侵染叶片、茎秆和薯块。叶片染病，多从中下部叶开始，先在叶尖或叶缘出现水渍状褐色小斑点，周围具有较宽的灰绿色晕环。湿度大时病斑迅速扩展成黄褐至暗褐色大斑，边缘灰绿色，界限不明显，常在病斑交界处产生一圈稀疏白霉。空气干燥时，病斑变褐，病叶干枯、破裂或卷缩。茎秆和叶柄染病，多形成不规则褐色条斑，严重时叶片萎蔫卷曲，终致全株黑腐。薯块染病，初期浅褐色斑，以后变成不规则褐色至紫褐色病斑，稍凹陷，边缘不明显，病部皮下薯肉呈浅褐色至暗褐色，终致薯块腐烂（图68）。

2. 发病条件　昼夜温差大，空气潮湿，多雨，多雾，气温10～22℃有利于病害发生。若发病，叶片上可见水浸状病斑，有时叶背面有白色的菌丝组织。一旦达到发病的适宜条件，一定要在3～4天内检查田间是否有病害发生（图69）。

图 68　马铃薯晚疫病病状

图 69　田间检查

3. 防治措施

（1）品种及种薯选择。选用优质、高产、抗耐晚疫病品种。选择不带病、已通过休眠且生理状态良好的种薯。

（2）农艺措施。合理轮作，土壤改良，播期调整，中耕管理，在发病初期及时清除感病整株，适时避雨杀秧。

（3）生物防控。现蕾期或初花期，使用生防制剂、诱导抗病剂等进行叶面喷施。

（4）化学防控。按照说明书配制药液，均匀喷雾植株叶片正反面。喷药后如遇大于4毫米降雨，待叶片水分干后要重新喷药。常规防治每次间隔5～7天，防治3～4次。结合晚疫病流行情况，适当增加或减少防治次数，不同年度间防治药剂轮换施用（表8）。

表8　马铃薯晚疫病防治药剂

商品名	中文通用名	剂型	作用方式
大生	代森锰锌	可湿性粉剂	保护剂
安克	烯酰吗啉	可湿性粉剂	内吸、治疗
安泰生	丙森锌	可湿性粉剂	内吸、治疗
福帅得	氟啶胺	悬浮剂	内吸、治疗
科佳	氰霜唑	悬浮剂	内吸、治疗
克必清	霜脲·锰锌	可湿性粉剂	保护、内吸、治疗
克露	霜脲·锰锌	可湿性粉剂	内吸、治疗
灭克	氟吗啉	水分散剂	内吸、治疗
施得益	锰锌·氟吗啉	可湿性粉剂	保护、内吸、治疗
抑快净	噁酮·霜脲氰	悬浮剂	内吸、治疗
银法利	氟菌·霜霉威	悬浮剂	内吸、治疗

（二）马铃薯早疫病

1. 症状　叶片病斑黑褐色，圆形或近圆形，具有同心轮纹，湿度大时病斑上产生黑色霉层，发病严重时，叶片干枯脱落；茎上很少有病斑或无病斑；块茎上产生褐色圆形或近圆形稍凹陷病斑，边缘分明，皮下呈褐色海绵状干腐（图70）。

图 70 马铃薯早疫病病状

2. 发病条件 危害叶、块茎，病菌易侵染老叶片，分生孢子萌发适宜温度 26～28℃，瘠薄、肥力不足的田块发病较严重。

3. 防治措施 加强田间肥水管理，增强植株的抗病性，并结合药剂田间防治。当马铃薯苗高 10～15 厘米，进行第一次叶面喷雾，若采用人工喷雾，可按 15 千克/亩将喷头深入植株下部向上喷雾。药剂可选用苯醚甲环唑、嘧菌酯等，用药时间间隔 7～10 天/次，依据气象及病害发病程度确定用药次数，一般全生育期用药 5～6 次。

（三）马铃薯青枯病

1. 症状 发病植株伴随一股鱼腥味，植株矮缩，叶片浅绿，下部叶片先萎蔫后全株下垂，早晚恢复正常，4～5 天后全株萎蔫死亡（图 71）。

2. 发病条件 高温、高湿、多雨的地区发病重，适宜温度 30～37℃，一般酸性土壤发病重。

3. 防治措施 目前还未发现防治青枯病的有效药剂，主要以农艺防治为主。

图71　马铃薯青枯病病状

（四）马铃薯病毒病

1. 症状　田间常表现花叶、坏死、卷叶3种症状类型。花叶型叶片颜色不均，呈现浓淡相间花叶或斑驳。坏死型在叶、叶脉、叶柄和枝条、茎秆上出现褐色坏死斑点，后期转变成坏死条斑。卷叶型叶片沿主脉由边缘向内翻卷，继而叶片变硬、变脆，严重时叶片卷曲呈筒状（图72）。

图72　健康株（左）与病毒株（右）

2. 发病条件及传播途径　高温干旱、管理粗放、蚜虫多，病害发生严重。25℃以上高温会降低寄主对病毒的抵抗力，有利于传毒媒介蚜虫的繁殖、迁飞和传病，使病害迅速扩展蔓延。

3. 防治措施　建立无毒种薯繁育基地，采用茎尖脱毒技术生产脱毒种薯。选用抗耐病优良品种。施足有机底肥，增施钾、磷肥，实施高垄或高墒栽培。苗期用10%的吡虫啉可湿性粉剂2 000倍液，喷雾防治蚜虫。

（五）马铃薯疮痂病

1. 症状　马铃薯疮痂病主要危害块茎，病原菌由薯块皮孔或伤口侵入，发病初期在马铃薯表皮形成褐色斑点，之后斑点逐渐扩大，使表皮粗糙木栓化，侵染点周围坏死。不同品种、地块、病原菌不同，致使发病薯块病斑不同。病害严重时，病斑连成片甚至覆盖整个薯块（图73）。

图 73　马铃薯疮痂病病状

2. 发病条件及传播途径　病菌在土壤中和病薯上越冬。在块茎形成和发育期间，病原菌可通过皮孔和伤口侵入。由病薯发育长成的植株极易发病。块茎成熟期是病害发生的高峰期。适合该病发生的温度为25～30℃，中性或微碱性沙壤土发病重，pH5.2以下很少发病。此外连作地块发病率增加，低洼地块发生较重，海拔2 200～2 700米的产区发生严重。

3. 防治措施　选用抗病品种，采用无病薯播种。发病重的地区，尤其是高海拔冷凉山区，要特别注意适期播种，避免早播。种薯播前用50%多菌灵可湿性粉剂500倍液或50%福美双可湿性粉剂 1 000 倍液浸种 10 分钟。发病初期喷洒 3.2%甲霜·噁霉灵水剂（克枯星）300 倍液或 20%甲基立枯磷乳油 1 200 倍液、36%甲基硫菌灵悬浮剂 600 倍液。此外用 30%苯噻氰乳油 200～375 毫克/千克灌根，有一定防效。

（六）马铃薯环腐病

1. 症状　马铃薯环腐病又称轮腐病，俗称转圈烂、黄眼圈，是一种细菌性病害。目前在各产区均有发生，一般造成减产 20%，严重可达 30%（图 74）。本病属细菌性维管束病害。

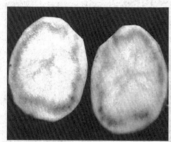

图 74　马铃薯环腐病病状

2. 发病条件及传播途径　该菌在种薯中越冬，成为第 2 年初侵染源。病菌主要通过切刀传播，经伤口侵入。病薯播种后，一部分芽眼腐烂不发芽，出土的病芽病菌沿维管束上下扩展，引起地上部植株发病，到生长后期，病菌可沿茎部维管束经由匍匐茎进入新结薯块而致病。

3. 防治措施　选用优质、高产、抗环腐病品种。播前去除病薯，选择不带病且生理状态良好的种薯。如用切块播种，应进行切刀消毒以防传染。用 5%石炭酸浸泡切刀，可降低田间发病率。此外用 50 微克/千克硫酸铜浸泡种薯 10 分钟效果较好。施用磷酸钙作为种肥，在开花后期加强田间检查，拔出病株及时处理，防治田间地下害虫，减少传染机会。

（七）马铃薯黑痣病

1. 症状 马铃薯黑痣病又称立枯丝核菌病、茎基腐病、丝核菌溃疡病、黑色粗皮病，是以带病种薯和土壤传播的病害。黑痣病主要危害马铃薯的幼芽、茎基部及块茎。马铃薯连作种植，会致使土壤中病原菌数量逐年增加，加重危害。

2. 发病条件及传播途径 马铃薯黑痣病以菌核在块茎上或土壤中越冬，或菌丝体在土壤中的植株残体上越冬，病菌可在土壤中存活2～3年。翌年春季，当温度、湿度条件适合时，菌核萌发侵入马铃薯幼芽、幼苗，特别是有伤口时侵入更多更快。在生长季节又可侵入根、地下茎、匍匐茎、块茎。新块茎上形成的菌核，或在土壤中又越冬的菌核，翌年根据环境条件，又可发生侵染（图75）。

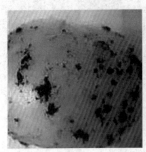

图75 马铃薯黑痣病病状

3. 防治措施

（1）品种及种薯选择。选用优质、高产、抗黑痣病品种，选择不带病且生理状态良好的种薯。

（2）种薯处理。播前用50％多菌灵可湿性粉剂500倍液或50％福美双可湿性粉剂1 000倍液浸种10分钟。

（3）药剂防治。发病初期喷洒3.2％甲霜·噁霉灵水剂（克枯星）300倍液或20％甲基立枯磷乳油1 200倍液、36％甲基硫菌灵悬浮剂600倍液。

（八）根结线虫病

1. 症状 主要危害根部，植株矮小、黄化，薯块表面生黑褐色小斑点或褐色溃疡斑，贮藏中病斑扩展至腐烂（图76）。

图 76 马铃薯根结线虫病状

2. 防治措施 用 55％灭线磷颗粒剂 1～5 千克/亩，撒在苗茎基部，然后覆土浇水。

（九）地下害虫

1. 危害 地下害虫主要包括地老虎、蛴螬、蝼蛄等（图77～图79）。主要危害地下根系、地下茎和块茎，通过咬食和钻蛀，影响马铃薯产量和品质。

图 77 地老虎

图78　蛴螬

图79　蝼蛄

2. 防治措施　将地下害虫颗粒剂与种肥混拌或采用毒土防治的方法。每亩可用 50％辛硫磷乳油 200～250 克，兑水 10 倍喷于 25～30 千克细土上拌匀制成毒土，顺垄条施，随即浅锄，或将该毒土撒于种沟或地面，随即耕翻或混入厩肥中施用。也可用高效氯氰菊酯 0.5 千克兑水 2.5千克，与 100 千克干沙土拌匀，傍晚撒在苗眼附近，防治小地老虎。

（十）马铃薯瓢虫

1. 危害　幼虫初期啃食叶肉，仅留表皮，形成许多平行的透明线状纹。成虫及较大的幼虫则吃食叶片，仅留叶脉，影响植株正常生长，严重时被害植株成片枯死（图 80）。

2. 防治措施　利用成虫假死性敲打植株使之坠落，收集消灭。人工摘除卵块，后集中消灭，减少害虫数量。可用

图 80　马铃薯瓢虫

21％增效氰·马乳油 3 000 倍液、20％氰戊菊酯、2.5％溴氰菊酯 3 000 倍液、10％溴·马乳油 1 500 倍液、50％辛硫磷乳油 1 000 倍液、2.5％三氟氯氰菊酯乳油 3 000 倍液等喷雾。

（十一）马铃薯块茎蛾

1. 危害　幼虫潜叶蛀食叶肉，初孵幼虫潜入叶片造成线形隧道，将叶肉吃光仅留上、下表皮，俗称"亮边"，严重时嫩茎和叶芽常被害枯死，幼株甚至死亡（图 81、图 82）。在田间和贮藏期间幼虫蛀食马铃薯块茎，蛀成弯曲的隧道，严重时吃空整个薯块，外表皱缩并引起腐烂（图 83）。

图 81　块茎蛾幼虫

图 82　块茎蛾成虫

图 83　块茎蛾取食后的块茎

2. 防治措施　加强田间管理，选用无虫种薯，避免马铃薯与烟草等茄科作物长期连作。清洁田园，结合中耕培土，避免因薯块外露招引成虫产卵危害。贮藏期及时清洁仓库，门窗、风洞应用纱网封住，防止成虫从田间迁入仓库。在成虫盛发期用 2.5% 溴氰菊酯乳油 2 000 倍液喷雾。

（十二）蚜虫

1. 危害　危害马铃薯的蚜虫主要是桃蚜，食性杂，寄主多（图 84）。成虫和若虫群集在叶片和嫩茎上，吸食植物

图 84　蚜虫

67

的汁液，使植株生长不良。桃蚜除直接危害马铃薯外，还传播多种马铃薯病毒和马铃薯纺锤块茎类病毒，造成更大危害。

2. 防治措施　铲除田间、地头杂草，消灭部分蚜虫，或用黄板诱杀有翅蚜。在有蚜株率达到5％时施药防治。可选用50％抗蚜威可湿性粉剂2 000～3 000倍液喷雾，或10％吡虫啉可湿性粉剂1 000～1 500倍液喷雾，或20％甲氰菊酯乳油3 000倍液喷雾，间隔7～10天共喷2～3次。

第八章　马铃薯采后管理

一、收获

（一）收获方式

冬季马铃薯播种到收获一般为 110～120 天。当地上大部分茎叶淡黄，基部叶片枯黄脱落，匍匐茎干缩时，即可收获。收获应该选择晴天进行，收获前停止灌水和喷施化学药剂。收获前要提前准备好包装物、运输工具等。

采用机械化收获时，收获机械进入农田之前，要对犁铲的深度进行调整，保证一定的深度，提高收获率。使用和拖拉机配套的单行或双行马铃薯收获机时，作业速度维持在每小时 3～4 千米，挖掘的深度维持在 20 厘米，挖掘出的薯块不被土埋，以便捡拾干净（图 85）。

图 85　田间收获

（二）分级包装

收获后，按薯块大小分类包装存放（图 86、图 87）。供外销的薯块，剔除非商品薯，每个块茎重量 150～200 克。收获后及时销售，否则将包装好的马铃薯置于室内避光贮藏。不要把收获的薯块暴晒于光下，块茎见光表皮容易变绿，严重影响品质。

图 86　装箱

图 87　分级装箱

二、市场与销售

（一）全国马铃薯市场价格趋势

据 2010—2016 年统计数据，在马铃薯月平均价格中，2—5 月的价格最高，正好是冬季马铃薯上市季节（图 88）。随着人们对食品安全及健康意识的增强，消费者更愿意选择食用口感更好和更健康安全的新鲜马铃薯，而非经过较长时间贮藏的马铃薯。因此，冬季马铃薯市场相对供不应求，价格好于大春马铃薯。

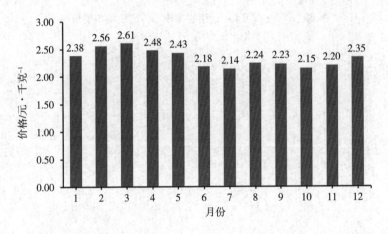

图 88 2010—2016 年马铃薯月平均价格

（二）云南省冬季马铃薯市场价格趋势

据估算，云南省冬季马铃薯价格维持在 3～3.5 元/千克（图 89）。云南省冬季马铃薯的市场价格普遍高于省外冬季马铃薯的价格。其原因是近年来云南省冬季马铃薯的主要品种丽薯 6 号，单产高，商品薯率高达 90％以上，薯块大而圆，不仅外观漂亮且口感较好，深受外地收购商青睐，农民也十分愿意种植。

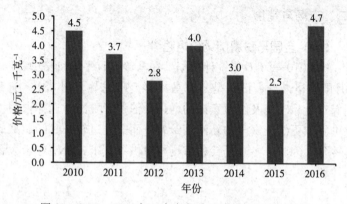

图 89　2010—2016 年云南省冬季马铃薯年均市场价格